天気のなぞを
解いてみよう！

　人びとの生活は、毎日コロコロ変わる「天気」に大きくえいきょうされます。楽しみだった運動会が雨で中止になったり、ピクニックに行っても急に寒くなって遊べなかったり……。

　そんな天気とうまくつき合っていくためにも、天気の変化や空のしくみについて知ることは、とっても大切です。

　この本では、なぞ解きをするような感覚で、天気について楽しみながら学べます。まずは、目の前で起きている空の現象をよーく観察し、どうしてそんな現象が起きたのか、なぜ空のようすが変わったのか、予想してみましょう。そして、その予想が正しいかどうか、もう一度よく観察して、なぞ解きをしてみましょう。

　この本で、「四季の特ちょう」や「自分が住んでいる町の気候」のことがわかったら、季節がめぐっていくのが、楽しくなりますよ。

筆保弘徳

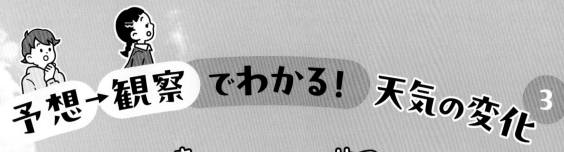

予想→観察 でわかる！ 天気の変化 3

季節

横浜国立大学
台風科学技術研究センター長・教授

筆保弘徳 監修

理論社

目次

この本の使い方 … 3

見てみよう！… 4

ギモン 1
桜の開花と気温は関係がある？ 6

予想 調べる
桜がさく気温は決まっている？ … 8

まとめると … 11

見てみよう！… 12

ギモン 2
夏に一番暑くなるのはどういうところ？ 14

予想A 調べる
南の地域ほど平均気温が高い？ … 16

予想B 調べる
太陽が照っている時間が長い地域ほど暑い？ … 19

まとめると … 20

見てみよう！… 24

ギモン 3
秋の空はどうして高く見えるの？ 26

予想A 調べる
空気がすんでいるから高く見える？ … 28

予想B 調べる
秋は雲が空高くにできる？ … 29

まとめると … 30

見てみよう！… 32

ギモン 4
雪がたくさんふるのはどういうところ？ 34

予想A 調べる
北の地域ほど、多く雪がふる？ … 36

予想B 調べる
高い山ほど、多く雪がふる？ … 38

まとめると … 40

さくいん … 47

教えて！筆保先生

気温が高くなるそのほかの原因 … 21
冬の日本海側で雪が多いワケ … 41

もっと知りたい！

世界でさまざまな気候が生まれるワケ … 22
雲の種類と高さ … 31
日本の地方ごとの気候の特ちょう … 42
日本の季節が生まれるしくみ … 44
季節の情報の集め方 … 46

この本の使い方

❓ギモン & 💭予想ページ

季節の天気に関する「ギモン」に対して、みんなで意見を出し合って、予想を立てます。

🔍観察 & 📝まとめページ

予想をもとに観察していきます。実験などもしながら、予想が当たっているか、まちがっているかを考えていきます。

💭予想
ギモンを解消していくためにまず予想をします。

どう調べる？
どうすれば予想を検証できるかを考えます。

🔍調べる (観察)
予想が当たっているのか、まちがっているのかを検証していきます。

📝まとめると
調べてわかったことを会話の中でまとめます。

予想の結果
その予想が当たっているのか、まちがっているのか、答えを出しています。

教えて！筆保先生
観察してわかりきらなかったことを教えてもらいます。

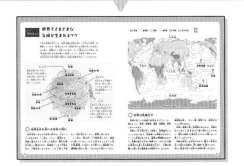

「もっと知りたい！」
気象観察などに関する情報をしょうかいしているページです。

見てみよう！
桜の開花はいつ？

どっちの桜も満開！
でも、沖縄の写真は1月で、
北海道は4月だね

沖縄の桜（1月下旬）

沖縄県国頭郡にある世界遺産・今帰仁城跡で満開になった桜（ヒカンザクラ）。毎年1月下旬から2月上旬に「今帰仁グスク桜まつり」が開かれます。（2023年1月30日撮影）

北海道の桜（4月下旬）

北海道松前郡松前町で満開の桜（エゾヤマ
ザクラなど）。毎年4月下旬から5月中旬に
「松前さくらまつり」が開かれます。（2021年
4月27日撮影）

冬から春になって
暖かくなってくるけど、
花がさく時期がちがうのは
地域によって気候がちがう

せいかなあ？

次のページから
検証だ！

桜の開花と気温は関係がある？

東京の桜（3月中旬）

気象庁の職員が、東京都千代田区の靖國神社にある桜の木の開花を確認しています。周りには記者やカメラマンがおおぜいいます。
（2020年3月13日撮影）

桜のさく気温は？

日本で桜のさく日は、場所によってだいぶちがうんだね。

もしかして、桜がさく気温は決まっているんじゃないかな？　だから沖縄と北海道では、あんなに時期がちがったのかも。

そんな単純なことなのかな……？

予想

桜がさく気温は決まっている？

→8ページへ

桜がさく気温は決まっている？

どう調べる？

日本各地で桜がさく日はさまざまだけど、自分の住んでいる場所では、いつさくのかな？
地域ごとに「桜がさいた日」を、気象庁が毎年発表しているらしいから、それを調べてみようかな。もしかすると、桜の開花と気温の関係がわかるんじゃないかな？

調べる①

過去の桜前線を見てみる

気象庁は日本各地にある桜の木（標本木）を観察して、5〜6輪以上の花がさいた日を「開花日」として発表します。「桜前線」とは、日本各地の開花日をつないだ線のこと。「示された日になると、線より南西の地域では、桜が開花している」ということを表しています。

南西から北東に
だんだん動いて
いるね！

1991年から2020年の
桜前線（平均値）

3月31日

わっ！
沖縄は1月に
さいちゃうのか！

1月20日
（奄美大島）

3月25日

3月22日〜24日

3月25日

1月16日（那覇）

3月26日

1月17日（宮古島）

3月25日

1月18日（石垣島）

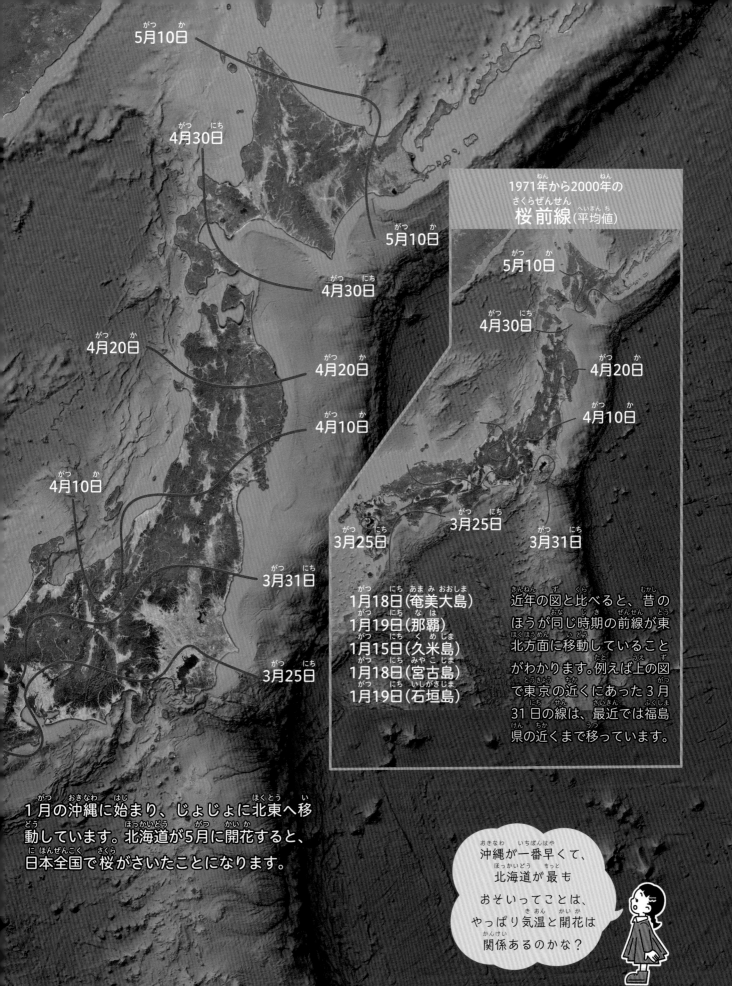

5月10日

4月30日

5月10日

4月30日

4月20日

4月20日

4月20日

4月10日

4月10日

4月10日

4月10日

3月31日

3月25日

3月25日

3月31日

3月25日

1971年から2000年の
桜前線（平均値）

1月18日（奄美大島）
1月19日（那覇）
1月15日（久米島）
1月18日（宮古島）
1月19日（石垣島）

近年の図と比べると、昔の
ほうが同じ時期の前線が東
北方面に移動していること
がわかります。例えば上の図
で東京の近くにあった3月
31日の線は、最近では福島
県の近くまで移っています。

1月の沖縄に始まり、じょじょに北東へ移
動しています。北海道が5月に開花すると、
日本全国で桜がさいたことになります。

沖縄が一番早くて、
北海道が最も
おそいってことは、
やっぱり気温と開花は
関係あるのかな？

桜の開花日と気温を調べる

気象庁のウェブサイトなどで、全国各地の桜の開花日と、その日の日平均気温を調べて、表にしてみましょう。下の表は、地域が北にあるほど上にくるよう、並べてあります。

サクラの開花日と気温

データ出典：気象庁

地点名	開花日	開花日の日平均気温	地点名	開花日	開花日の日平均気温
稚内	5月13日	8.5℃	静岡	3月24日	11.6℃
札幌	5月1日	10.6℃	大阪	3月27日	11.4℃
帯広	5月2日	9.7℃	広島	3月25日	10.7℃
青森	4月22日	9.8℃	高松	3月27日	10.9℃
秋田	4月17日	9.9℃	和歌山	3月24日	10.9℃
仙台	4月8日	9.3℃	徳島	3月28日	11.6℃
新潟	4月8日	9.9℃	下関	3月26日	11.5℃
福島	4月7日	9.9℃	松山	3月24日	10.9℃
宇都宮	3月30日	9.5℃	福岡	3月22日	11.6℃
前橋	3月29日	9.9℃	高知	3月22日	11.9℃
熊谷	3月27日	10.1℃	大分	3月24日	11.1℃
福井	4月1日	9.8℃	熊本	3月22日	11.7℃
東京	3月24日	10.4℃	長崎	3月23日	12.0℃
鳥取	3月29日	9.8℃	宮崎	3月23日	13.0℃
松江	3月29日	9.8℃	鹿児島	3月26日	14.0℃
横浜	3月25日	10.8℃	那覇	1月16日	17.3℃
岐阜	3月25日	10.3℃			
名古屋	3月24日	10.3℃			
京都	3月26日	10.2℃			

北 ↑　南 ↓

※「開花日」「開花日の日平均気温」は1991年から2020年の平均

多くの地域は9～11℃で開花していて、南に行くほど暖かくなるのが早く、開花日も早いことがわかります。

10℃くらいになると桜は開花するって言えるのかな？

でも、九州には12～14℃の地域もあるからそうとも言えないね

それに那覇は17℃もあるよ？なんでだろう？

沖縄と北海道の桜を見てみると……

ヒカンザクラ

桜の標本木には、おもに日本全国で広くさくソメイヨシノを使いますが、南西諸島ではヒカンザクラを代わりにします。カンヒザクラ（寒緋桜）ともいいます。

エゾヤマザクラ

北海道の一部（稚内、旭川、釧路、帯広など）では、エゾヤマザクラが標本木に使われます。ソメイヨシノよりも色があざやかになるといいます。オオヤマザクラともいいます。

あれ？
桜の色が
こいんだね

沖縄の開花日の
気温がすごく高いのは
桜の種類が
ちがうせいか！

まとめると

表を見ると、日本全国で桜の開花日の温度はだいたい 9℃から14℃の間だとわかったね。

これでは桜がさく気温は決まっている、と言えないよ。

でも、桜前線が南西から北東へ動いていくのはよくわかるよね。

そうだね。桜は春を代表する花。春は南西から北東へと訪れるんだ！

予想は……**不正解**

ただし、桜はだいたい南ほど早くさく！

でも？

南の地方ほど春だけじゃなくて1年を通して、より暑いみたい。

どうしてこんなに気温の差が出るんだろう？

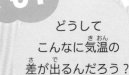

次のページで見てみよう！

見てみよう！
日本で一番暑いのは沖縄？

沖縄は
日本の南はし！
やっぱり一番暑い
地域なんじゃない？

夏の沖縄

沖縄県内でも高い人気をほこる宮古島与那
覇前浜ビーチ。(2010年8月22日撮影)

只今の温度
38.0℃

次のページから
検証だ！

でも、こっちの
埼玉県の写真も
暑そうじゃない？

夏の埼玉県熊谷市

この日は、関東の各地でものすごく暑くなっ
た日です。写真の温度計では 38.0 ℃ を表示
しています。(2023 年 7 月 17 日撮影)

夏に一番暑くなるのはどういうところ？

観測史上歴代最高気温トップ10

データ出典：気象庁

8位 40.8℃
山形県山形
（1933年7月25日）

8位 40.8℃
新潟県中条
（2018年8月23日）

6位 40.9℃
岐阜県多治見
（2007年8月16日）

3位 41.0℃
岐阜県美濃
（2018年8月8日）

3位 41.0℃
高知県江川崎
（2013年8月12日）

緯度か？ 日照時間か？

日本の最高気温トップ10を調べてみたら、こんなふうになったんだけど……。

え！ 南側が暑いと思っていたのに、印象とちがうね！

でも、1カ月や1年間を通した「平均気温」はやっぱり南に行くほど高いんじゃない？

このトップ10の日は、太陽が照っている時間が長かったのかもね！

1位
埼玉県熊谷
41.1℃ （2018年7月23日）

8位
東京都青梅
40.8℃ （2018年7月23日）

6位
静岡県天竜
40.9℃ （2020年8月16日）

1位
静岡県浜松
41.1℃ （2020年8月17日）

3位
岐阜県金山
41.0℃ （2018年8月6日）

予想 Ⓐ

**南の地域ほど
平均気温が高い？**

→ 16 ページへ

予想 Ⓑ

**太陽が照っている時間が
長い地域ほど暑い？**

→ 19 ページへ

南の地域ほど平均気温が高い？

どう調べる？

前のページの歴代最高気温のトップは沖縄じゃなかったけど、平均気温は北にある
ほど低く、南にあるほど高いのかも。暑さと「緯度」（地球上の南北の位置を表す
数値）の関係をもう少しくわしく調べてみよう！

調べる①

地域ごとに月別の平均気温を調べる

北は札幌から南は那覇まで、月別の平均気温を見てい
きましょう。とくに暑さと緯度がどう関係するのでしょ
うか？

日最高気温の月別平均値（1991年から2020年）データ出典：気象庁

①札幌（北緯43.06度）

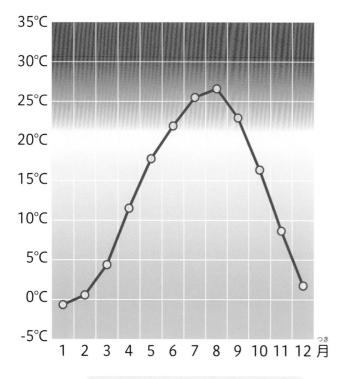

②新潟（北緯37.89度）

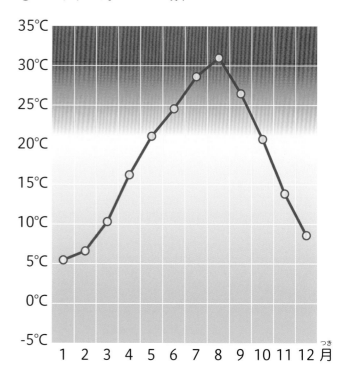

赤道の北側の緯度は、「北緯」というよ。
日本は北半球にあるから、すべて「北
緯」だね。

北緯の数字が大きいほど、北にあるっ
てことだよね。札幌と新潟は約5度ち
がうんだね。

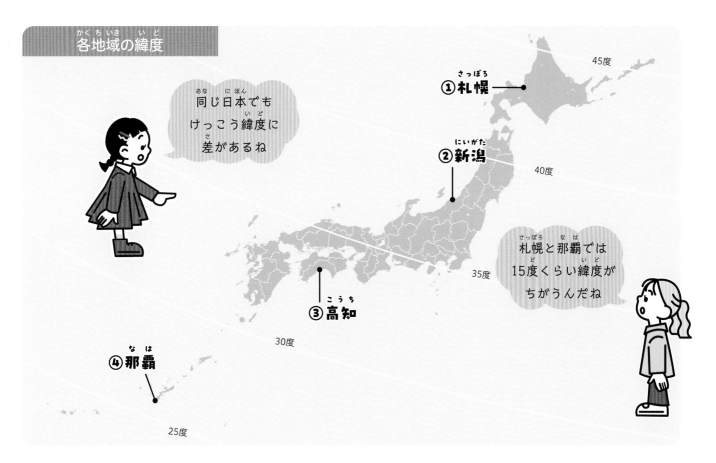

同じ日本でも
けっこう緯度に
差があるね

① 札幌

② 新潟

③ 高知

④ 那覇

札幌と那覇では
15度くらい緯度が
ちがうんだね

45度

40度

35度

30度

25度

③ 高知（北緯33.57度）

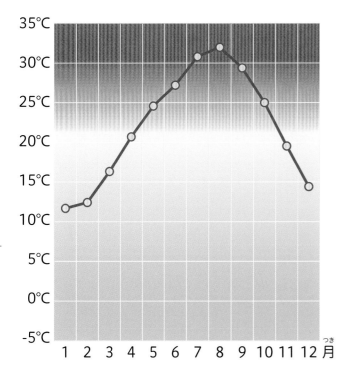

④ 那覇（北緯26.21度）

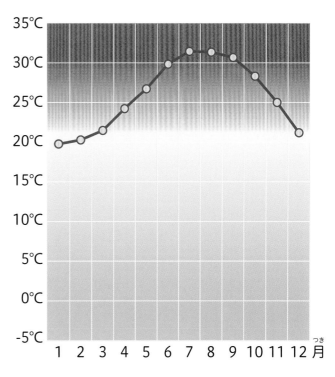

南にいくほど、グラフが上にきている！ 高知は7月8月ともに平均が30℃をこえているね。

やっぱりこのなかだと、那覇が一番暑そうだね。14〜15ページのトップ10の地域とも比べてみよう！

17

地域ごとに1年の平均気温を調べる

今度は前のページで調べた2都市と、最高気温トップ10の地域の、1日の最高気温の年平均値を見てみましょう。

45度

日最高気温の年平均値
（1991年から2020年）

北海道札幌
13.1℃

山形県山形
17.1℃

新潟県中条
18.1℃

埼玉県熊谷
20.7℃

東京都青梅
19.7℃

静岡県天竜
21.6℃

静岡県浜松
21.1℃

岐阜県美濃
20.8℃

岐阜県金山
19.6℃

高知県江川崎
21.6℃

岐阜県多治見
21.7℃

沖縄県那覇
26.0℃

40度

35度

30度

25度

20度

14〜15ページで見た地域も年平均で見るとそんなに暑くないよ

やっぱり緯度が低いと気温が高いね

18

太陽が照っている時間が長い地域ほど暑い？

どう調べる？

14〜15ページで歴代最高気温の上位だった地域は、沖縄よりずっと北にあるのに、どうして気温が高くなったのかな？　緯度だけではないとすると、ほかの条件が関わっているはず。もしかして、太陽が照っている時間が長い地域なのかな？

調べる①

地域ごとに日照時間を調べる

太陽の光が地面に当たる時間（日照時間）が長いほど、温度は上がっていきますね。それならば、晴れている日が多いと、気温が高くなるのでしょうか？　『理科年表』（くわしくは46ページ）という本で調べてみましょう。

日照時間の8月の平均値長い・短い都市トップ5（1991〜2020年）

日照時間が長い都市

順位	地域	時間
1位	和歌山（和歌山県）	239.9
2位	潮岬（和歌山県）	234.8
3位	清水（静岡県）	233.8
4位	徳島（徳島県）	230.6
5位	神戸（兵庫県）	229.6

日照時間が短い都市

順位	地域	時間
1位	釧路（北海道）	117.6
2位	根室（北海道）	124.6
3位	帯広（北海道）	125.2
4位	浦河（北海道）	136.6
5位	宇都宮（栃木県）	140.0

データ出典：『理科年表』

ちなみに年間でいうと、沖縄県那覇は1727.1時間、北海道札幌は1718時間と、ほとんど変わりません。

潮岬

紀伊半島の一番南にあります。左上の表では2位ですが、年間では1位です。日照時間が長いところは、天気のいい日が多い場所だということです。

夏の平均気温も日照時間が長い都市が高くて短い都市は低いのかな？

19

順位	地域	日照時間	最高気温
長さ1位	和歌山（和歌山県）	239.9	32.6℃
長さ2位	潮岬（和歌山県）	234.8	29.8℃
長さ3位	清水（静岡県）	233.8	31.3℃
長さ4位	徳島（徳島県）	230.6	32.3℃
長さ5位	神戸（兵庫県）	229.6	32.2℃
短さ1位	釧路（北海道）	117.6	21.5℃
短さ2位	根室（北海道）	124.6	20.9℃
短さ3位	帯広（北海道）	125.2	25.4℃
短さ4位	浦河（北海道）	136.6	23.0℃
短さ5位	宇都宮（栃木県）	140.0	30.9℃

8月の最高気温の平均値

19ページで示した日照時間の長い5地点と短い5地点の、8月の最高気温の平均値を調べてみました。おおまかに見れば、日照時間の長い地域は気温も高いと言えそうですが、宇都宮のように短い地域のなかにも気温が高い地域がありました。

日照時間と気温は関係していそうだけどすべてがそれで決まるわけではないんだね

まとめると

夏の暑さは、緯度と日照時間でだいたい決まるけど、どうもそれだけではないみたい。

でも、年間を通して気温が高いのは沖縄だよ。

夏と冬の気温の差が大きい地域もあるかもしれないね。

そういえば標高によっても気温は変わるって聞いたことがあるよ。海からの距離も関係していそうな気がする。

予想はどちらも ほぼ正解

緯度と日照時間は気温に関係しているが、それだけでは決まらない

でも？

例えば関東で日照時間もランクに入っていない熊谷はどうして暑いの？

日本の地形ってすごく複雑でしょ。それが気温に関係あるのかも。

次のページで先生に聞こう！

教えて！
筆保先生

気温が高くなる そのほかの原因

それぞれの場所の地形の影響や、都市の影響も大きいよ

トップ10に入った地方の気温が高くなった原因としては、「フェーン現象」と「ヒートアイランド現象」が考えられます。また、日照時間がとても長いのに気温が上がらない例としては、「白夜」があります。

空気が暑くなる「フェーン現象」

「フェーン現象」は、山をこえてきた空気が、山を上る前より高温になる現象です。しめった空気が雲をつくったり雨をふらせたりしたあと、乾燥しながら山を下ることで起こります。乾燥した空気の温度は通常、1000メートル上昇すると10℃下がり、下降すると10℃上がります。一方で、雲をつくりながら上昇するときは1000メートルで約6℃しか下がらないため、温度差が生まれるのです。

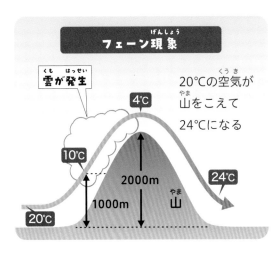

フェーン現象

雲が発生

4℃

10℃

20℃の空気が山をこえて24℃になる

2000m
1000m

24℃

山

20℃

ヒートアイランド現象

風

上空へにげる熱
太陽からの熱
工場からの熱
建物からの熱
反射
室外機・車などからの排熱

都会で起こる「ヒートアイランド現象」

都会はアスファルトやコンクリートに囲まれていて、水分が少ないので、気温がとても高くなることがあります。太陽の光や地面から反射した光を建物が吸収することや、密集した建物が風を通しにくくすること、建物から出る熱などが原因で昼間に熱がたまり、夜になってもその熱がにげにくくなります。

太陽が1日中しずまない「白夜」

写真は北欧ノルウェーで、2007年7月25日の午後11時から30分おきに撮影した写真を合成したものです。北極と南極に近い地域では、1日中、太陽がしずまない日があります。これを白夜といいます。ただし太陽は空の低いところを動いていくので、暑くはなりません。

世界でさまざまな
気候が生まれるワケ

日本の季節の変化には、地球規模の空気の流れ（大気の大循環）が関係しています。地球のなかで、赤道付近では太陽の光がほぼ真上から差し、地面がとても熱くなります。そこで温められた空気は、地球全体を流れる空気の流れと海流によって、世界中に運ばれます。地球全体の大気や海水の流れが、各地の気候を特ちょうづけるのです。

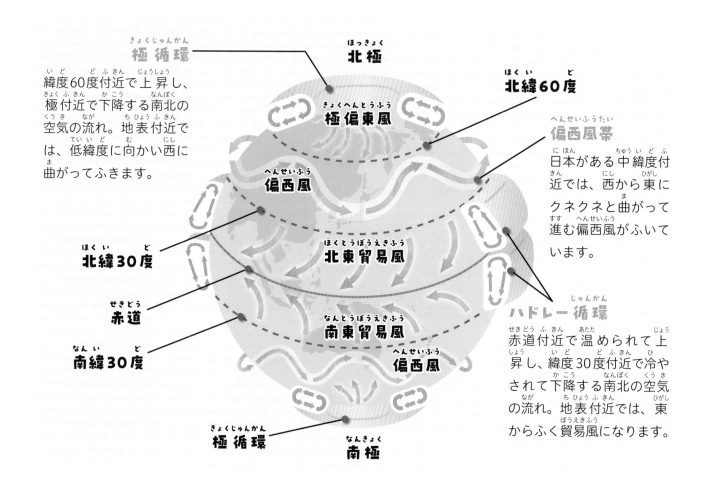

極循環
緯度60度付近で上昇し、極付近で下降する南北の空気の流れ。地表付近では、低緯度に向かい西に曲がってふきます。

北極

北緯60度

極偏東風

偏西風帯
日本がある中緯度付近では、西から東にクネクネと曲がって進む偏西風がふいています。

偏西風

北緯30度

北東貿易風

赤道

南緯30度

南東貿易風

偏西風

ハドレー循環
赤道付近で温められて上昇し、緯度30度付近で冷やされて下降する南北の空気の流れ。地表付近では、東からふく貿易風になります。

極循環

南極

地球全体を流れる空気の流れ

地球全体にまたがる空気の流れは、大きく3つに分かれます。1つ目は、ハドレー循環です。赤道で温められて上昇した空気は、南北の極の方向へと運ばれます。高緯度にくると空気は冷え、下降気流になります。この上昇と下降をくり返す流れをハドレー循環と言います。

2つ目は、極の近くで下降気流になり、緯度60度くらいのところで上昇することをくり返す極循環。3つ目が、その間でふく偏西風です。偏西風は西から東にくねりながら流れています。

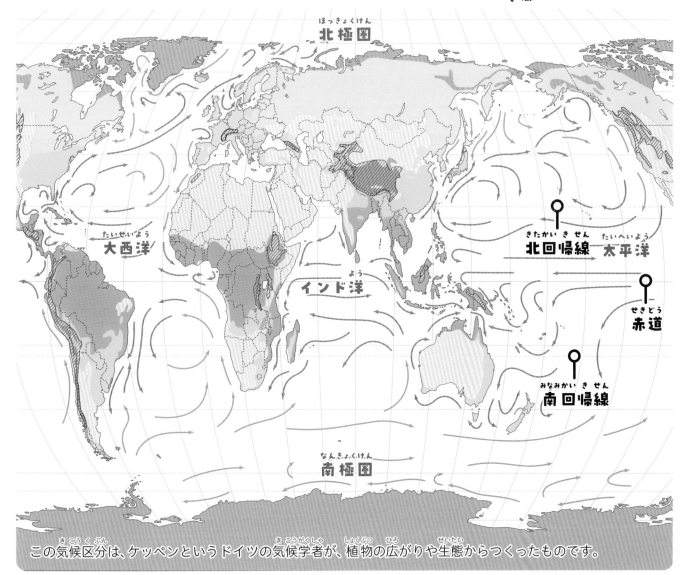

凡例:
| 熱帯 | 乾燥帯 | 温帯 | 亜寒帯 | 寒帯 | 高山気候 | → 暖流 / → 寒流 |

北極圏

大西洋　インド洋　北回帰線　太平洋　赤道　南回帰線

南極圏

この気候区分は、ケッペンというドイツの気候学者が、植物の広がりや生態からつくったものです。

○ 世界の気候区分

気候の似ている地域で地球を分けていくと、図のように、熱帯、乾燥帯、温帯、亜寒帯、寒帯に分けられます。

熱帯は1年中雨が多くて高温で、熱帯雨林とサバンナがあります。乾燥帯には草原が広がるステップと砂漠があります。温帯は季節風のおかげで、季節の変化が大きい地域です。なかでも大陸の東側では夏と冬の温度差が大きく、大陸の西側では夏と冬の温度差が比較的小さくなります。

亜寒帯は寒く、さらに寒い寒帯では、植物がほとんど育ちません。

熱帯と温帯の間に乾燥帯があるのは、赤道付近でできた上昇気流が大量の雨をふらせたあと、南北の緯度30度付近でかわいた風になって降りてくるからです。

気候は海流にも左右されます。暖かい海流が近くを流れる地域は、同じ緯度でも暖かくなり、冷たい海流が近くを流れる地域は寒くなります。

見てみよう！
秋と春の満月 どっちがきれい？

秋の月は
くっきり
見えるね

秋の満月

秋といえば中秋の名月。お月見にぴったり
の季節です。（2023年9月30日撮影）

次のページから
検証だ！

春はぼんやり……
春と秋で空の
見え方がちがうのは
なんでだろう？

春の満月

春の満月はちょっとぼんやりしていて、「おぼろ月」といわれます。（2021年3月29日撮影）

ギモン ③

秋の空は
どうして高く
見えるの？

そもそも本当に高くなるの？

この写真みたいな雲を「うろこ雲」っていうよね。秋に見たことがあるよ。

なんだか空高く、遠いところにあるように見えるね。

「秋の空は高い」ってよく言うよね。それって、ほかの季節よりも秋のほうが空気がすんでいるからじゃない？

もっと単純で、秋のほうが高いところに雲ができるんじゃないかなあ？

予想 Ⓐ

空気がすんでいるから高く見える？

→ 28 ページへ

予想 Ⓑ

秋は雲が空高くにできる？

→ 29 ページへ

空気がすんでいるから高く見える？

どう調べる？

霧が出ると前が見えづらくなるよね。じゃあ逆に空気がすんでいれば、遠くにあるものがよりくっきり見えるはず。よし、秋と春の晴れた日に、同じ場所から、遠くにある富士山をながめてみて、どっちがくっきり見えるか比べてみよう。

調べる①

遠くにある物の見え方を比べてみる

このページの写真はどちらも静岡県静岡市にある日本平運動公園から見た富士山です。これを見ると、春よりも秋のほうが富士山がくっきり見えます。

秋の富士山
頂上からりょう線までくっきり見えます。

やっぱり秋は空気がすんでいるみたい

春の富士山
全体にかすんで見えます。

秋は雲が空高くにできる？

どう調べる？

26～27ページのうろこ雲は、たしかに高い位置にあるように見えたよね。ほかの季節の雲はどんな高さに見えるかな？　夏によく出る雲と、秋の雲の高さを比べてみよう！

調べる ①

雲が出ている夏と秋の空を見比べてみる

夏の空によく見られる入道雲（積乱雲）と、秋を代表する雲でもあるひつじ雲（高積雲）を比べてみましょう。

夏によく出る
積乱雲（入道雲）

> 遠くに見える建物のすぐ上に雲があるね

秋によく出る
高積雲（ひつじ雲）

> こっちは山よりかなり上にあるみたい！夏と秋のほかの雲はどうかな？

夏によく出る積雲（わた雲）

秋によく出る巻積雲（うろこ雲）

やっぱり秋の雲のほうが夏より高い位置にあるみたいだね！

春と秋の富士山を見比べたら、秋のほうがくっきり見えたね。

やっぱり秋の空気がすんでいるんだよ！ お月さまがきれいに見えるのも、そのせいかも。

それに、夏によく見る雲と比べると、秋によく見る雲は高い位置にあったよ。

そのせいでよけいに、春や夏と比べて秋の空が高いように見えたんだね。

まとめると

予想はどちらも **正解**

空気がすんでいて雲が高いところにできるから空が高く見える！
（ただし、実際に空が高くなるわけではない）

では…

最後は冬ね。冬といえば雪だよね。最近、東京ではあんまり積もらないけど

日本で一番よく雪がふるところってどこなのかな？

32ページで見てみよう！

30

雲の種類と高さ

雲は浮いている高さや形の特ちょうから、10種類に分類されます。そして種類によって、できる高さが異なります。それらをまとめたのが、下の図です。雲の種類を覚えると、空を見上げることが楽しくなりますよ。

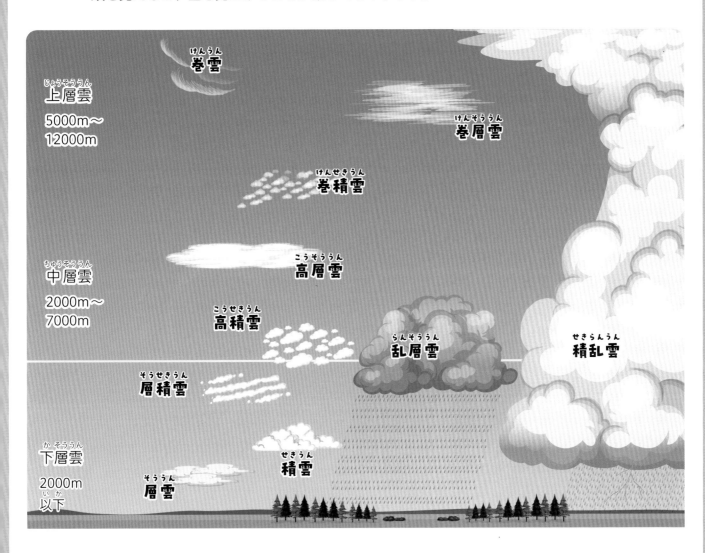

上層雲
5000m〜
12000m

巻雲（けんうん）

巻層雲（けんそううん）

巻積雲（けんせきうん）

中層雲
2000m〜
7000m

高層雲（こうそううん）

高積雲（こうせきうん）

乱層雲（らんそううん）

積乱雲（せきらんうん）

層積雲（そうせきうん）

下層雲
2000m
以下

積雲（せきうん）

層雲（そううん）

10種類の雲は、高さによって3つの層に分けられます。一番高い上層雲には、巻雲、巻積雲、巻層雲、中層雲には高層雲、高積雲、乱層雲、そして一番低い下層雲には、層積雲、層雲、積雲があります。積乱雲（入道雲）は夏によく見られます。そして高いところにできる、巻積雲（うろこ雲）、高積雲（ひつじ雲）、巻雲（すじ雲）は秋を代表する雲です。

実際に秋の雲は
高い位置に
あるね！

見てみよう！

深く積もった雪のようすを見てみよう

バスの倍以上の高さまで雪が積もってる！

立山黒部アルペンルート

富山県「立山駅」から長野県「扇沢駅」までを結ぶ道。標高が2450メートルに及ぶ場所もあります。(2017年5月22日撮影)

こんなに雪がふるのって
どんな地域なんだろう？

次のページから
検証だ！

雪がたくさんふるのはどういうところ？

さっぽろ雪まつり

北海道札幌市で毎年2月に開かれる雪と氷のお祭りです。たくさん積もった雪や氷を使った像や巨大すべり台などが展示されます。（2023年2月11日撮影）

雪が多い原因は何？

さっぽろ雪まつりは、雪の多い北海道ならではのお祭りだね。

やっぱり札幌は日本でもとくに北の地域にあるから、多く雪がふるんだよ。

でも、新潟県や富山県も雪がたくさんふるらしいね。北海道に比べるとずいぶん南だけど。

夏の暑さに地形が関係していたみたいに、たぶん高い山ほど、多く雪がふるんじゃないかな？

予想 Ⓐ

北の地域ほど、多く雪がふる？

→ 36 ページへ

予想 Ⓑ

高い山ほど、多く雪がふる？

→ 38 ページへ

北の地域ほど、多く雪がふる?

どう調べる?

だいたい北にある地方ほど寒いのだから、やっぱり雪がたくさんふると思うな。北海道や東北地方、新潟県で、緯度ごとに雪がふった日がどれくらい多いか、冬の期間で調べてみよう!

調べる①

雪の積もった日数を比べてみる

雪が多くふっていそうな北海道や東北地方、新潟県の都市の降雪量を気象庁のサイトで調べ、グラフにしてみました。何か特ちょうがわかるでしょうか? また、日本海側と太平洋側でちがいは出るでしょうか?

各地の雪がふった日数の月別平均値グラフ
（1991〜2020年の日降雪の深さ）

- 日降雪の深さ1cm以上の日数
- 日降雪の深さ5cm以上の日数
- 日降雪の深さ10cm以上の日数

赤のグラフの山が高いと「雪がふった日が多い」ってことになりそうだね。

緑のグラフの山が高いと大雪の日が多いってことだよね。

どっちも、北にあるほど高いのかな?

ん? そうでもないみたい……。

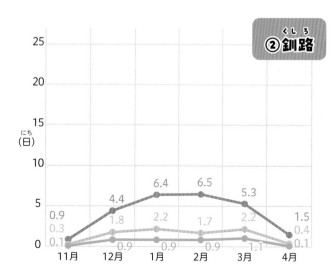

①札幌
②釧路

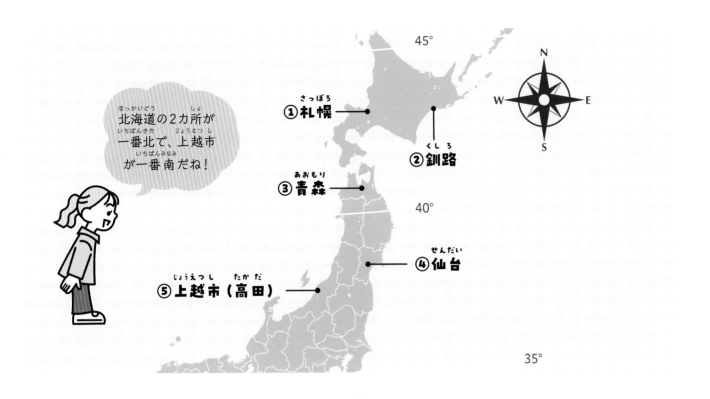

北海道の2カ所が一番北で、上越市が一番南だね！

① 札幌
② 釧路
③ 青森
④ 仙台
⑤ 上越市（高田）

45°
40°
35°

N
W E
S

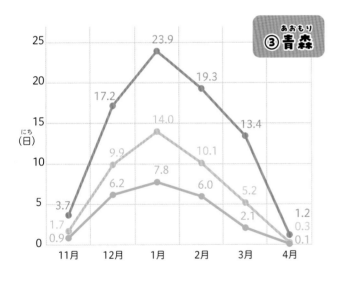

③ 青森

(日)

23.9
17.2
19.3
14.0
13.4
9.9
10.1
7.8
6.2
6.0
5.2
3.7
2.1
1.7
1.2
0.9
0.3
0.1

11月 12月 1月 2月 3月 4月

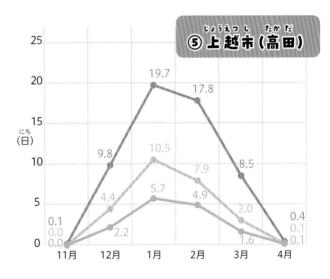

⑤ 上越市（高田）

19.7
17.8
10.5
9.8
7.9
8.5
5.7
4.9
4.4
3.0
2.2
1.6
0.4
0.1
0.0
0.1
0.0
0.0

11月 12月 1月 2月 3月 4月

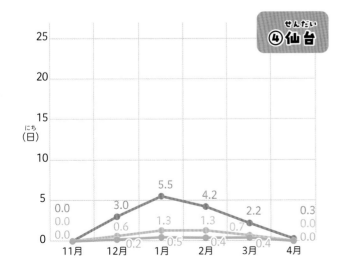

④ 仙台

(日)

5.5
4.2
3.0
2.2
1.3
1.3
0.7
0.6
0.5
0.4
0.4
0.0
0.2
0.0
0.3
0.0

11月 12月 1月 2月 3月 4月

同じ北海道だけど、釧路はだいぶ雪が少ないみたいだね。

上越市は一番南にあるのに雪が多くふるんだね！

単純に「北にあるほど雪が多い」とは言えないね。

37

高い山ほど、多く雪がふる？

どう調べる？

山の高いところに行くと寒いよね。雪がたくさんふるのは、標高の高いところじゃないかな？　そうだとすると、日本で一番高い富士山が最も多く雪がふるはず。富士山より低い山の積雪と比べてみよう！

調べる ①

標高と降雪の関係を調べる

標高が100メートル高くなると、気温は約0.5℃下がります。その分、降雪も増えるでしょうか？　標高と降雪の関係を調べてみましょう。

標高3776メートル

富士山…338センチ（1989年）

標高は3776メートルで、日本一高い山です。8月でも最低気温が氷点下となる日があります。雪が多くふり、とけないため、とても深く積もります。2004年までの記録で最も積もったのは、1989年の338センチです。

さすが富士山、雪の量も多いね！

標高1377メートル

伊吹山…1182センチ（1927年）

岐阜県と滋賀県にまたがる伊吹山地の山です。標高は富士山より低いですが、1927年2月14日に1182センチも積もり、観測史上、最も雪が積もったことで有名です。

標高29メートル

昭和基地…195センチ（2016年）

昭和基地は南極にある日本の観測基地です。年間の平均気温がマイナス10.5℃という厳しい環境にあります。標高は低くても、年に200日ほど雪がふり、2016年には195センチの積雪が記録されています。その雪は、煙のようにまい上がるほどサラサラです。

伊吹山は
富士山の半分以下の
高さなのに
すごい積雪！

じゃあ
標高が低くても
すごく寒い南極の雪は
どうだろう？

標高が低くても
けっこう深く
積もるんだね

豪雪地帯と特別豪雪地帯

日本では、積雪量がとくに多い地域は、法律により「豪雪地帯」や「特別豪雪地帯」として指定されています。図に示した地域は2023年4月1日時点のものです。この図は国土交通省のウェブページなどで見ることができます。

特別豪雪地帯

豪雪地帯

日本海側の
北の地域で
特別豪雪地帯が
多いね

海ぞいも山もある。
雪が多い地域って
いろいろだね……

まとめると
↓

たしかに北にある地域は雪がふっていたけど、北にあるほどたくさんふるってわけじゃなかったね……。

標高の高い富士山は雪が多かったけど、低い山でももっとふっている場所もあったね。

北の地域や標高の高い地域は、「雪がふりやすい」くらいしかいえないなあ。

でも、日本海側にある、というのは重要なポイントみたいだね！

予想は
どちらも
不正解

ただし、北にあったり
標高が高かったり
するほど、雪はふりやすい！

でも？

夏の暑さと同じで
1つの理由で
説明するのは
無理みたいだね

雪が多くふる
地方はなぜ
日本海側に寄って
いるんだろう？

次のページで
先生に聞こう！

冬の日本海側で雪が多いワケ

日本海側には、北から来る冷たい風と温かい海水がたくさんの雪をもたらすよ

40ページで示した豪雪地帯や特別豪雪地帯は、なぜ日本海側なのでしょうか？また、どうして北海道よりも南にある新潟県の辺りに、特別豪雪地帯が広がっているのでしょうか？　このページで説明していきます。

北西の季節風が山脈にぶつかって雪をふらせる

北西からふく季節風は、日本海をこえるときに海から水蒸気を受けて、多くの雪雲（積雲）を発生させます。この雲が日本列島の真ん中を走る山脈にぶつかると、積乱雲を発生させ、日本海側に多くの雪や雨をふらせます。

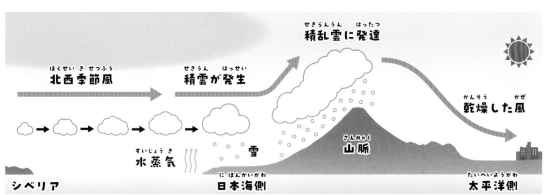

北西季節風　　積雲が発生　　積乱雲に発達　　乾燥した風

水蒸気　　雪　　山脈

シベリア　　日本海側　　太平洋側

山脈をこえた太平洋側には、かわいた空気（からっ風）となってふきおります。

「積雪深」と「降雪量」

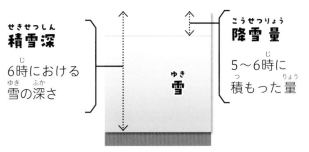

積雪深
6時における雪の深さ

降雪量
5〜6時に積もった量

雪

ふった雪の量を測る方法は、2つあります。ある時刻までに、自然にふり積もって、地面をおおっている雪の深さを「積雪深」といいます。一方、一定の時間内で、新しくふり積もった雪の量を「降雪量」といいます。

ふった雪の量を測る道具

「雪板」（右上）は、ある時間内で下の板に積もる雪の量を測ります。時間がたつと雪をはらいのけるので、降雪量を測るのに便利です。地面につき立て、地面から積もった深さを測る「雪尺」（右中）や、レーザー光がはね返ってもどる時間から、積もった雪の深さを測る「積雪計」（右下）は、積雪深を測るのに使います。

日本の地方ごとの
気候の特ちょう

日本列島は、世界の気候区分では「東岸型温帯多雨気候」に入っています。
ユーラシア大陸の東岸にそってあり、周りに暖流（対馬海流と黒潮）
と寒流（リマン海流と親潮）が流れています。四季の変化が大きく、
雨や雪がたくさんふることが特ちょうです。

◯ 日本の6つの気候区分

　日本は南北で2500キロメートルもの長さにわたり、急
な斜面も多く、とても複雑な地形をもつ国です。地域ごと
に気候の変化が大きいのは、この地形によります。図は
共通する気候の地域ごとにグループ分けしたものです。
　気候区分は、北から「北海道気候区」「日本海岸気候区」
「太平洋岸気候区」「内陸性気候区」「瀬戸内気候区」「南西
諸島気候区」の6つがあります。これらの気候区に標高と
風向きが関係して、地域ごとの気候の特色が生まれます。

ぼくが住むところは
どんな気候かな？

日本海岸気候区

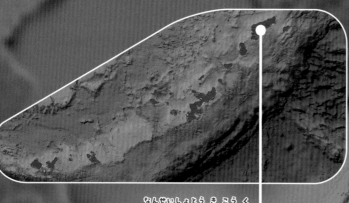

南西諸島気候区

瀬戸内気候区

対馬海流

黒潮（日本海流）

リマン海流
かいりゅう

親潮（千島海流）
おやしお　ちしまかいりゅう

北海道気候区
ほっかいどう き こう く

内陸性気候区
ないりくせい き こう く

太平洋岸気候区
たいへいようがん き こう く

北海道気候区
ほっかいどう き こう く

亜寒帯性で、気温が1年中低く、
あ かんたいせい　　き おん　　ねんじゅうひく

降水量が少ない。梅雨がない
こうすいりょう すく　　　つゆ

日本海岸気候区
に ほんかいがん き こう く

冬に降水量が多い
ふゆ　こうすいりょう おお

太平洋岸気候区
たいへいようがん き こう く

夏に降水量が多く、冬に乾燥する
なつ　こうすいりょう おお　　ふゆ　かんそう

内陸性気候区
ないりくせい き こう く

夜や冬の気温が低く、比較的降
よる ふゆ　き おん ひく　　　ひ かくてきこう

水量が少ない
すいりょう すく

瀬戸内気候区
せ とうち き こう く

冬でも暖かく、
ふゆ　　あたた

比較的降水量が少ない
ひ かくてきこうすいりょう すく

亜熱帯性で、気温が1年中高く、
あ ねったいせい　　き おん　　ねんじゅうたか

降水量が多い
こうすいりょう おお

地域によって
ち いき

気候が
き こう

ちがうんだね！

日本の季節が生まれるしくみ

日本の気候は、季節によって大きく変化します。その原因は、風がどこからふいてくるかにあります。この風が水蒸気を運び、雨や雪をふらせます。では風向きは、どのような原因で変化するのでしょうか？

夏は南から、冬は北から風がふく

季節の変化が生まれることの大きな原因は、「季節風」にあります。季節風は大陸と海の温度差があることで生まれる風です。

夏は、ユーラシア大陸の地面が太陽の日差しで温められて、上昇気流（低気圧）が発生します。それに比べて太平洋は冷たく、下降気流（高気圧）が生まれます。この気圧の差により、南からの季節風がふきます。

逆に、冬は大陸が冷えて高気圧が発生し、太平洋では大陸と比べて気圧が低くなります。そのため北西からの季節風がふきます。

海流が水蒸気を運んでくる

海流も季節の変化が生まれる原因の1つです。日本の近くの海には「親潮（千島海流）」「黒潮（日本海流）」「リマン海流」「対馬海流」が流れています（42〜43ページ）。北から来る親潮とリマン海流は冷たく、南から来る黒潮と対馬海流は暖かい海水の流れです。どの海流も水蒸気をたくさん発生させます。風がその水蒸気を日本列島に運び、標高の高いところで冷やされると、雨や雪になってふってきます。

夏と冬の季節風

夏と冬では、季節風の方向が変わります。

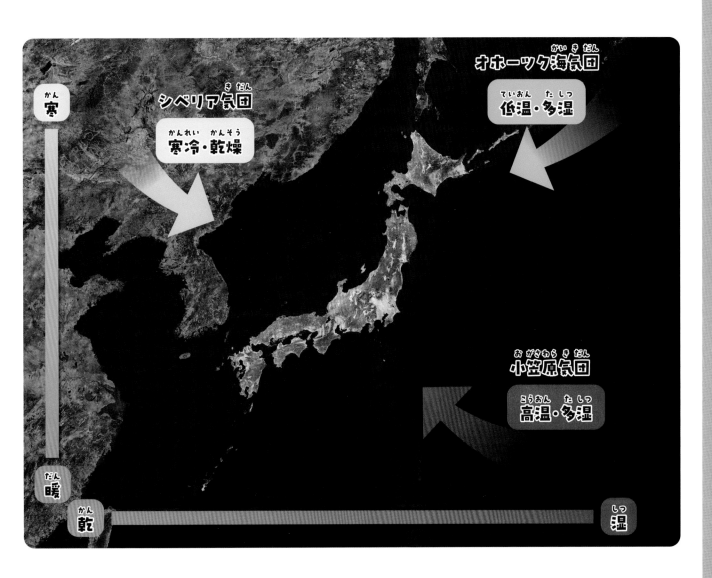

オホーツク海気団
（かいきだん）

低温・多湿
（ていおん・たしつ）

シベリア気団
（きだん）

寒冷・乾燥
（かんれい・かんそう）

寒（かん）

暖（だん）

乾（かん）

小笠原気団
（おがさわらきだん）

高温・多湿
（こうおん・たしつ）

湿（しつ）

日本の四季をつくる3つの気団
（にほんしきをつくる3つのきだん）

　大陸と海の温度差以外の原因で、風の向きはさらに細かく変わります。その原因は、日本の周辺にできる3つの「気団」です。気団とは、気温と湿度がほぼ一定になっている、広い範囲に広がった大気のかたまりです。大陸や海の上など、地形の変化のない広い場所にできます。気団のあるところには、高気圧が発達します。

　夏には温かくてしめった「小笠原気団」の勢力が強くなり、気温が高くなります。冬には、つめたくてかわいた高気圧である「シベリア気団」が発達します。

　春と秋には温かくてかわいた移動性高気圧が、偏西風にのって西からやってきます。日本を通過するとき、晴れの天気が続きます。

　梅雨には温かくてしめった「小笠原気団」と、冷たくてしめった「オホーツク海気団」がぶつかり、梅雨前線が発生し、多くの雨をふらせます。

日本の四季って、こんなしくみで変わるんだね！

季節の情報の集め方

このページでは、季節の天気について調べるときに役に立つ、情報源などを紹介します。

● 気象庁から観測データを入手

日本では、「気象庁」が、さまざまな機器を使って、雨量や風速、気温といった各地の気象情報を観測しています。気象庁の公式ウェブページでは、分析を加えたデータや、過去のデータも公開されています。

気象庁公式ウェブページ

https://www.jma.go.jp/

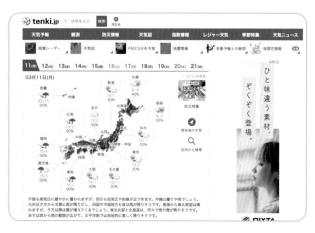

● 日本気象協会などの天気予報

テレビやインターネットなどの天気予報も、気象庁のデータをもとにしています。日本気象協会がその1つですが、さまざまな方法で独自の予報を行っている民間の会社も増えています。

tenki.jp（日本気象協会）

https://tenki.jp/

● 『理科年表』で外国の情報を入手

『理科年表』は、自然科学の全分野について情報が得られるデータブック。暦部、天文部、気象部、物理・化学部、地学部、生物部、環境部と付録で構成されています。気象部では、日本の情報はもちろん、外国のデータも数多く掲載されています。

理科年表オフィシャルサイト

https://official.rikanenpyo.jp/

令和6年｜第97冊

2024
Chronological
Scientific Tables

理科年表

国立天文台編

丸善出版

『理科年表 2024』
国立天文台編（丸善出版）

さくいん

あ

緯度 ……………… 16 〜 20,22,23,36

伊吹山 ……………… 39

うろこ雲 ……………… 27,29 〜 31

エゾヤマザクラ ……………… 5,11

小笠原気団 ……………… 45

オホーツク海気団 ……………… 45

か

海流 ……………… 22,23,41 〜 44

気候区分 ……………… 23,42

季節風 ……………… 23,41,44

気団 ……………… 45

巻雲 ……………… 31

巻積雲 ……………… 30,31

巻層雲 ……………… 31

高積雲 ……………… 29,31

豪雪地帯 ……………… 40,41

降雪量 ……………… 36,41

高層雲 ……………… 31

さ

桜前線 ……………… 8,9

さっぽろ雪まつり ……………… 34,35

シベリア気団 ……………… 45

すじ雲 ……………… 31

積雲 ……………… 30,31,41

積雪深 ……………… 41

積乱雲 ……………… 29,31,41

層雲 ……………… 31

層積雲 ……………… 31

た

大気の大循環 ……………… 22

立山黒部アルペンルート ……………… 32

東岸型温帯多雨気候 ……………… 42

特別豪雪地帯 ……………… 40,41

な

夏の平均気温 ……………… 15,16,19

日照時間 ……………… 15,19 〜 21

入道雲 ……………… 29,31

は

ヒートアイランド現象 ……………… 21

ヒカンザクラ ……………… 4,11

ひつじ雲 ……………… 29,31

白夜 ……………… 21

フェーン現象 ……………… 21

偏西風 ……………… 22,45

貿易風 ……………… 22

ら

乱層雲 ……………… 31

わた雲 ……………… 30

● 3巻『季節』の単元対応表

学年	単元名		本書のページ
小5	天気の変化		p.4〜45
	気象観測		p.4〜45
中2	天気の変化		p.31,44〜45
	日本の気象		p.4〜45

監修者

筆保弘徳（ふでやす・ひろのり）

横浜国立大学教育学部教授。台風科学技術研究センター長、気象予報士。1975年岩手県生まれ、岡山県育ち。京都大学大学院修了（理学博士）。気象学、とくに台風を専門とし、内閣府ムーンショット型研究開発制度の目標8のプロジェクトマネージャーに携わる。主な監修・著書に『天気と気象についてわかっていることいないこと』（ベレ出版、編集・共著）、『台風の正体』（朝倉書店、共著）、『気象の図鑑』（技術評論社、監修・共著）、『天気のヒミツがめちゃくちゃわかる！気象キャラクター図鑑』（日本図書センター、監修）などがある。

協力

清原康友（横浜国立大学台風科学技術研究センター）

写真・出典

【6-7ページ】「東京の桜（3月中旬）」朝日新聞社
【8-9ページ、42-45ページ】「日本周辺の衛星画像」Google Earth
【13ページ】「夏の埼玉県熊谷市」つのだよしお/アフロ
【21ページ】「白夜」Blickwinkel/アフロ
【28ページ】「秋の富士山」「春の富士山」植原直樹/アフロ
【39ページ】「昭和基地」国立極地研究所
【41ページ】「ふった雪の量を測る道具」国土交通省　鳴子ダム管理所
【46ページ】「気象庁ウェブページ」気象庁ウェブページ、「tenki.jpウェブページ」tenki.jp

予想→観察でわかる！天気の変化 ③

季節

監修者	筆保弘徳
協力	清原康友
イラスト	kikii クリモト、しぶたにゆかり
デザイン	林コイチ
編集協力	株式会社クリエイティブ・スイート
校正	和田めぐみ
発行者	鈴木博喜
編集	森田直
発行所	株式会社理論社
	〒101-0062　東京都千代田区神田駿河台2-5
	電話　営業 03-6264-8890
	編集 03-6264-8891
	URL　https://www.rironsha.com
印刷・製本	図書印刷株式会社　上製加工本

2024年6月初版
2024年6月第1刷発行